懂懂鸭 著

茶，一片树叶里的中国

古茶之源
西南茶区

电子工业出版社
Publishing House of Electronics Industry
北京·BEIJING

茶，作为我国的国饮，已经深深渗入我国五千年的历史文化中了。从神农尝百草初次发现它的药用功效，到唐朝饮茶风俗传向大江南北，传统的中国茶道自此形成。宋朝，人们还在喝茶上玩出了新高度，热闹的斗茶在此时盛行。到了明清时期，制茶和饮茶都走向了简化，人们更爱冲泡散茶，并将饮茶之风带到了世界各地。如今，我国已然成为世界最大的茶叶生产国和消费市场，拥有西南、华南、江南、江北四大茶区。

序 吃茶的上下五千年

神农氏亲尝百草，教会人们开荒种地、吃药治病。传说他曾因尝草一天身中72种毒，直到吃到茶叶才得以解毒。自此，人们便把茶叶当药物使用，或将它加入饭菜中。

神农尝百草，茶叶脱颖而出

隋唐时期流行煮茶饼。那时人们煮茶不仅要放茶末，还会放盐、葱、花椒、陈皮等调味料，饮时连茶末一起喝掉，有滋有味。不过，陆羽认为这种饮茶法不雅，推崇单煮茶叶的清饮方式，他还写出了我国第一部"茶叶百科全书"——《茶经》，被尊为茶圣。

煎茶

唐 煎茶法：从浓汤到清饮

宋 点茶法：手打泡沫茶

宋朝人淘汰了煎茶法，而用点茶法。它与煎茶法最大的不同就是不再用锅煮茶末，而是将茶末放入茶盏里，直接用开水冲点，然后再用茶筅反复击打出泡沫。它和抹茶很相似，既可以直接喝又可以用来斗茶。

点茶

明清 泡茶法：回归简单的本真

1. 投茶

2. 洗茶

3. 滤茶

4. 分茶

明清时期是制茶和饮茶技艺大变革的时代，这时流行散茶、叶茶，红茶、乌龙茶等新茶类先后被创制出来。人们也更爱用茶壶泡茶，且重视冲泡技巧和茶叶本味，并沿用至今。潮汕工夫茶就是泡茶道茶艺的集大成者。

五颜六色的六大茶类

新鲜茶叶都是绿色的，只是因为对茶叶的加工工艺不同，导致发酵程度不同，使得茶叶中的茶多酚被氧化，逐渐产生茶黄素、茶红素等深色物质，才相继出现了绿茶、白茶、黄茶、青茶（乌龙茶）、红茶、黑茶这宛如调色盘的六大茶类。

绿茶　最·鲜爽

发酵度	香气	滋味	茶性	最佳水温	
0	花香型、清香型、嫩香型	清淡香扬	凉性	75℃~80℃	绿叶绿汤——绿茶

白茶　最·简单

发酵度	香气	滋味	茶性	最佳水温	
5%~10%	花香型、清香型、甜香型　★☆	清甜爽口	凉性	75℃~80℃	满身白毫——白茶

黄茶　最·平和

发酵度	香气	滋味	茶性	最佳水温	
10%~20%	嫩香型、花香型、焦香型　★★	甜爽	凉性	85℃~90℃	黄叶黄汤——黄茶

绿茶是我国最主要的茶类，它只经杀青（防止变红）、揉捻（整形）、干燥（去湿）这几个工序，保住了鲜叶中大量的天然物质，因此颜色最绿，味道也最新鲜清爽。

白茶主要采用茶芽制作，工序也最简单，只经过晾晒或干燥工序，因此茶形最完整，白毫毛也最多，看起来如银似雪。但它会在后期储存中轻微发酵，滋味比绿茶更清淡回甘。

把未干燥的绿茶放到湿热的环境中闷黄一小段时间，使它产生轻微的氧化变色，就得到了"黄叶黄汤"的黄茶了。因苦涩的茶多酚减少了，它的茶味比绿茶更平和甘甜。

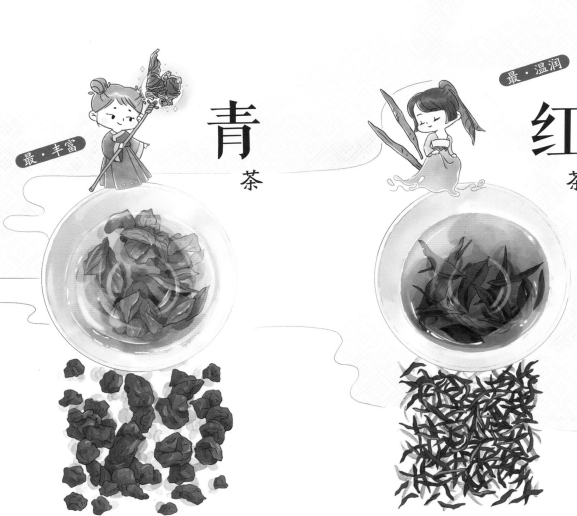

青 茶

红 茶

黑 茶

青茶				
绿叶镶红边——青茶	茶性::中性	滋味::香浓微苦	香气::清香型、浓香型	发酵度::30%～60% 最佳水温::95℃～100℃ ★★★☆

青茶（乌龙茶）有一个显著特点——绿叶镶红边，即叶子边缘发酵变红了，但中间还是绿的，因此它属于半发酵茶。它综合了绿茶和红茶的工艺和口味，既清香又浓醇。

红茶				
红叶红汤——红茶	茶性::温性	滋味::香浓甜润	香气::火香型、焦香型、甜香型	发酵度::80%～90% 最佳水温::95℃～100℃ ★★★★

红茶是全发酵茶，它的茶多酚几乎都被氧化了，产生了大量的茶黄素和茶红素，还增加了单糖、氨基酸和香气物质。因此它不仅"红叶红汤"，而且茶味极其香甜浓郁。

黑茶				
深沉发酵——黑茶	茶性::温性	滋味::醇厚甜润	香气::木香型、陈香型	发酵度::60%～80% 后发酵 最佳水温::90℃～100℃ ★★★☆

黑茶的发酵，是把揉捻后的茶叶直接堆积起来，洒水保温，利用微生物来促进茶叶内含物质转化。它的颜色最深、口味最厚实凝重，常被做成砖茶、饼茶等紧压茶。

泡茶是门大学问

俗话说：壶内乾坤大，茶中岁月长。仅仅是冲泡一杯茶都大有讲究。它既要考虑选取什么样的茶具，又要运用精准巧妙的手法来冲泡、分茶，以保证茶的色、香、味俱佳，使品茶者能够充分领略茶所带来的绝妙享受和美妙意境。于是博大精深的茶艺诞生了。

紫砂壶

茶具，种类繁多

但凡讲究的茶艺表演，要用到的茶具是非常繁多的。单是冲泡前，就要用到茶海、茶则、茶匙、茶荷、茶夹等备茶、理茶器；冲泡要用茶壶或盖碗；品茶和分茶则少不了闻香杯、公道杯、品茗杯等茶杯。

公道杯

茶道用具

客杯

客杯

水盂

散茶荷

客杯

茶叶

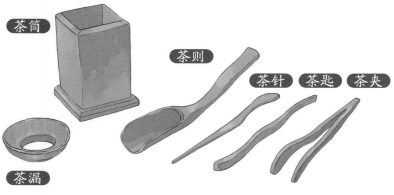

茶筒

茶则

茶针　茶匙　茶夹

茶漏

茶道六君子

茶筒（装茶具）、茶则（量取茶叶）、茶匙（挖茶渣）、茶漏（放在壶口，防止茶叶掉落）、茶针（疏通）、茶夹（夹茶杯防烫），合称茶道六君子，一般用竹木做成，是茶道必不可少的组合器具。

大茶壶·烧水

小茶壶·泡茶

大小茶壶

烧水用大茶壶，泡茶则用小茶壶（如紫砂壶）。小茶壶做工精细，泡茶更甘甜香醇。

公道杯

公道杯是分茶专用杯，敞口大肚，用来均匀衡量每杯茶的浓度、茶量，以示"公道"。

冲泡，没那么简单

如果茶类、茶叶老嫩、水温不一样，那么它们的冲泡法也是大相径庭的。常用的冲法有高冲、低注、回旋、凤凰三点头等，泡法则根据茶具不同分为壶泡法、盖碗泡法以及玻璃杯泡法。

出味——悬壶高冲

提壶从高处往茶壶中注水，水流小而连续，让茶叶随水翻滚，充分受热，挥发出茶味。

保温——低注法

贴近壶口快速注水，意在减少热量损失。常用于红茶、普洱茶等高温冲泡茶。

让茶叶起舞——回旋法

先往茶杯中央注水，再绕杯口旋转注入，使得茶叶上下沉浮旋转，增加品茶情趣。

冲泡方法

用手腕力量将水壶由低至高连续起落，反复三次，使茶叶在水中翻动。

注意事项

1.手肘放平，不要缩手，使其看着美观。

2.倒水时，均匀使力。

3.注水时，注意手腕与手肘需要有不疾不徐的节奏。

好看的茶礼——凤凰三点头

由高至低，上下往返三次注水。这时壶嘴随之一起一落，犹如凤凰点头，又像在行三叩首礼，是泡茶技巧和艺术的结合。

目 录

寻觅最古老的茶树——云南

云南是我国产茶的一块宝地，山峦起伏、溪林纵横，全省茶区都分布在海拔1200~2000米的高山上。这里年平均气温只有12~23摄氏度，雨量非常充沛，土壤多为红壤、黄壤和砖红壤等微酸性的土壤，非常适合茶树生长。这里的野生茶树已经有2000多年的历史，现存千年古茶树（包括野生型、栽培型）30多棵，全国十分之四的古茶树都在这里。茶树聚集成林的地方也是人们聚集的地方，人们从采摘野生茶树开始到人工栽培茶树，不仅产出了普洱、滇红等名茶，也把自己的家园营造成茶园和梯田相互交错、人与自然和谐共生的美丽画卷。

"横着走"的山

云南是一个高原山区，属青藏高原南延部分，地形一般以元江谷地和云岭山脉南段的宽谷为界，分为东、西两大地形区。东部为滇东、滇中高原，称云南高原，地形波状起伏。西部为横断山脉纵谷区，高山深谷相间，落差大，地势险。云南不仅山多，河流湖泊也多，构成了山岭纵横、水系交织、河谷渊深、湖泊棋布的地理特色。

红土高原

当我们从高空俯瞰云南时，可以看到原野、山川间，砖红、暗红、紫红交错，颜色深浅不一，蔚为壮观。这是因为，温暖湿热的气候会加速土壤中铁的氧化，活动性较差的铁铝氧化物残留下来，就把土壤染成了红色。

梯田

山区的人们想要播种只能在山上开垦田地。一般坡度缓的地方就开垦成大田，坡度陡的就开垦成小田。随着山的坡度，田块一层叠着一层，像梯子一样，就叫梯田。

茶花

茶花，又叫滇山茶，是云南"八大名花"之一，已有1000多年的栽培史。它喜欢长在地势起伏和缓、水热条件也比较好的滇中高原、滇西山原一带。

杜鹃

　　杜鹃植株高2米左右，也有高达10米以上的大王杜鹃，喜欢长在海拔800~5000米的山上，海拔2800~4000米的滇西北高山冷湿地带是它的最爱。

绿孔雀

　　绿孔雀是体型最大的雉科鸟类，体长可达2米多，光尾巴就有1米多长，头顶的羽冠也有10厘米高。雄鸟的尾部分布着光彩绚丽的眼球状花纹，非常醒目。

滇金丝猴

　　滇金丝猴是我国独有的珍稀动物，喜欢生活在西藏和云南交界处的雪山峻岭中，是世界上除我们人类外住得最高的灵长类动物。与金黄毛的四川金丝猴不同，它的毛色是灰黑和白色相间的。

云豹

　　云豹长得像金钱豹。目前全世界只有10000只左右。云南的云豹大多生活在滇西北的高山密林中。

亚洲象

　　亚洲象也是一种珍稀动物，我国的野生亚洲象都生活在西双版纳、思茅等地区的沟谷、阔叶混交林里面。云南南部还有一个远近闻名的"野象谷"。

红嘴鸥

　　红嘴鸥，顾名思义，它的嘴是红色的，喜欢生活在平原和低山地带的湖泊里，爱吃鱼、虾、昆虫和水生植物。

水色云南

"风花雪月古城开,洱海苍山次第排。"奇幻瑰丽的云南气候湿润,森林众多,江河横流,湖泊星罗棋布,其中有澜沧江、元江、怒江、伊洛瓦底江、长江、珠江等六大水系的上流分支,还有著名的湖泊——滇池和洱海。当悠悠的白云倒映在闪烁的湖面上,天光云影间,不知是船在天上游,还是人在空中行,如彩云之南的一场梦。

三江并流

以"世界屋脊"著称的青藏高原是我国众多大江大河的发源地,其平均海拔在4000~5000米,常年有皑皑雪山矗立。每到融冰期,迅猛的高原雪水顺着横断山脉间的深谷一路向南,在地势较低的云南形成了怒江、澜沧江和金沙江三江并行却不交汇的壮丽奇观。

三江并流

独龙江

金沙江

怒江

澜沧江

洱海

滇池

抚仙湖

南盘江

元江

娃娃鱼

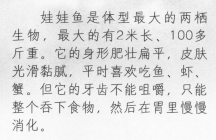

娃娃鱼是体型最大的两栖生物，最大的有2米长、100多斤重。它的身形肥壮扁平，皮肤光滑黏腻，平时喜欢吃鱼、虾、蟹。但它的牙齿不能咀嚼，只能整个吞下食物，然后在胃里慢慢消化。

金线鲃

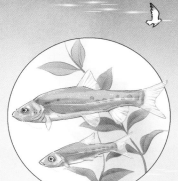

金线鲃又叫金线鱼。它是一种盲鱼，因为平时生活在暗无天日的深水区，眼睛已经退化到只剩下一个眼痕。有的金线鲃通体透明，可以看到血管和骨架。

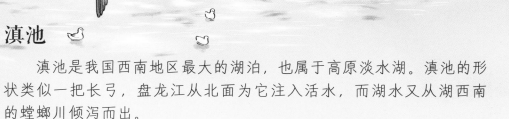

滇池

滇池是我国西南地区最大的湖泊，也属于高原淡水湖。滇池的形状类似一把长弓，盘龙江从北面为它注入活水，而湖水又从湖西南的螳螂川倾泻而出。

洱海

洱海位于大理，是一个高原淡水湖。远古时期的一场地壳运动使洱海西面隆起变成了纵卧的苍山，而东面的地块却下沉成为低洼的盆地，并积水成湖变成了洱海。洱海南北狭长，俯瞰像一只大海马。

苈碧花

苈碧花是睡莲的一种，主要长在洱海的主源头苈碧湖中，每天只在上午11点开花，到下午5点就闭合了，所以又叫子午莲。

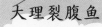

大理裂腹鱼

大理裂腹鱼又叫大理弓鱼，脑袋又小又短，吻部也短，体形细长，更喜欢吃浮游生物等。平时它们喜欢生活在静水环境中，但产卵时会成群结队溯流而上，在流水中产卵。

马铃悠扬的茶马古道

早在3000多年前的西周时期，云南的种茶先民濮人就曾将茶叶作为贡品，进献给周武王姬发。到了唐朝，云南的茶叶经过茶马古道被运到了边疆地区。明清时期，云茶盛行全国，其中的"普洱茶"还被列为贡品。生活在这里的布朗族、哈尼族、傣族等少数民族，既是制茶人也是喝茶人，他们的生活与云南茶史的发展紧密相连，密不可分。

滇藏茶马古道——南方的丝绸之路

唐宋时期，云、川地区的茶叶产量增大，而藏民偏偏爱喝茶却不能自产自销。很快有聪明人发现了商机，他们开始组织马帮穿过崇山峻岭和羊肠小道，将茶叶和食盐等物资运到西部边疆。这条用于茶叶运输和贸易的通道，就是著名的"茶马古道"。它穿越川、滇、藏，并延伸到不丹、尼泊尔、印度等国，最远到达西非红海岸。

天下熙熙，皆为利来——驿站

在茶马古道的沿途，那些位于交通要道的地方，或是有着重要商贸物资（茶叶、盐等）出产的城镇，往往会成为茶商在商贸旅途中最喜欢的落脚点，这就是茶马古道上的驿站了。

云南驿

云南驿位于云南祥云县，它西边靠近大理，北面邻近成都，东边就是昆明，往南连接云南的主要产茶区，可谓既把握着茶叶贸易的出口源，又连接了茶叶贸易的目标市场，因此成为滇藏茶马古道上最大也是最重要的一座驿站。

诺邓村

诺邓村原本只是一个白族人居住的普通村子，唐朝时这里开始出产食盐。盐在当时是非常重要的经济物资，因此诺邓村才能引动商人纷至沓来，发展成为商贾云集的商贸重镇。

天下攘攘，皆为利往——商帮

山多水急的自然环境，让马帮成为云南旧时主要的交通方式。一群赶马人加上骡马队就构成了马帮的主力。他们常年在深山密林里行走，与毒虫和野兽一起露宿野外，半路还可能遭遇土匪强盗抢劫，但他们凭借非凡的胆识、坚韧的毅力、勇敢的气魄以及卓越的智慧，完成了一次次运输。

舌尖上的茶肴

云南是少数民族众多的地区，拥有26个民族，如白族、傣族、布朗族、纳西族等。这些民族数千年来与当地的古茶树相互依存，将茶叶作为食材和药材，已经发展出了丰富多样、各具特色的茶文化。

茶中烧烤——竹筒烤茶

傣族人的聚居地盛产竹子，因此竹子成了他们利用率最高的材料。他们住竹楼，吃竹筒饭，做竹乐器，还发明了竹筒茶，即将鲜茶叶放进竹筒中烤一烤，直至烤出茶叶的清香后，加入蜂蜜和开水再烤片刻。

特色凉拌菜——基诺族凉拌茶

基诺族住在基诺山，常年过着刀耕火种、打猎捕鱼的原始生活。他们用茶叶制作凉拌茶已经有上千年的历史了，只需要把生茶叶和油、盐、辣椒、大蒜、酸笋等配料加水搅拌，就是一道凉拌茶菜了。

酸爽的开胃菜——布朗族酸茶

滇西布朗族是个爱吃酸食的民族，他们不仅吃酸鱼、酸笋、酸菜，还把茶叶制成"酸茶"。制作酸茶时，要先把茶叶煮熟，再装入竹筒埋到土里，三四个月后取出来就是酸茶了。

茶罐头——德昂族、景颇族腌茶

德宏州的德昂族和景颇族喜欢把茶腌着吃。雨季时，先将新采的茶叶放入缸中压实，过几个月再加入香料，然后倒入竹筒或罐子中夯实，封口后等待数月发酵。

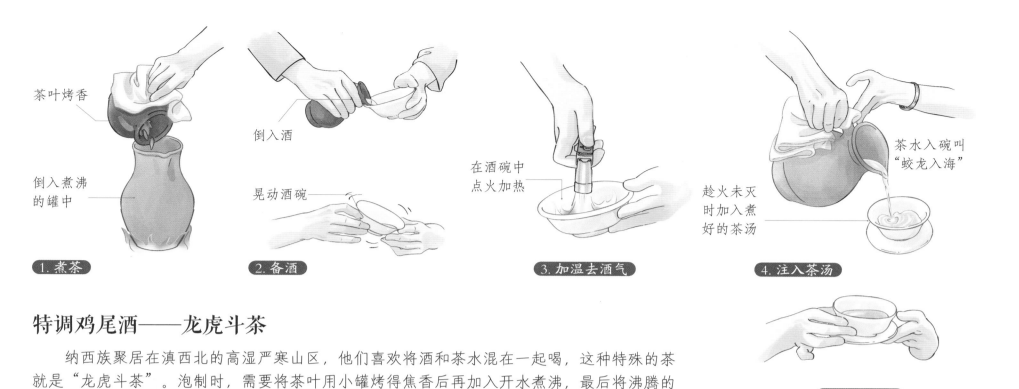

茶叶烤香

倒入煮沸的罐中

1. 煮茶

倒入酒

晃动酒碗

2. 备酒

在酒碗中点火加热

3. 加温去酒气

茶水入碗叫"蛟龙入海"

趁火未灭时加入煮好的茶汤

4. 注入茶汤

5. 趁热饮茶

特调鸡尾酒——龙虎斗茶

　　纳西族聚居在滇西北的高湿严寒山区，他们喜欢将酒和茶水混在一起喝，这种特殊的茶就是"龙虎斗茶"。泡制时，需要将茶叶用小罐烤得焦香后再加入开水煮沸，最后将沸腾的茶水冲入白酒盅内，趁热喝下。

人生百味茶——白族三道茶

　　三道茶是白族独有的一种茶文化，一般用来待客迎宾。三道茶包括三味茶：第一道是苦茶，用苦涩的烤茶冲泡而成；第二道是甜茶，加了红糖、乳扇、核桃仁等配料，香甜可口；第三道是回味茶，多了蜂蜜、花椒等成分，喝起来酸甜苦辣俱全，象征着我们的人生，所以叫"一甜二苦三回味"。

苦茶

甜茶

回味茶

古茶树王国

茶树是一种生命力非常旺盛的长寿植物，云南的古茶园总面积约为329.68万亩，相当于30万个足球场那么大，其中野生的古茶树园面积约为265.75万亩。可见，云南必定是茶树的风水宝地和长寿乡，才能使得古茶树都在这儿扎堆，郁郁葱葱数千年，并发展出品种繁多的后裔。

古茶树的生长地区

"六大茶山"是古茶树的扎堆区，这"六大茶山"准确来说应该是十二个茶区，沿着澜沧江两岸依次排开。江东面的六个都在西双版纳傣族自治州内，被称为"古六大茶山"。江西边的六个被称为"新六大茶山"。

新六大茶山

南糯山、布朗山、帕沙、贺开、勐宋、巴达。

古六大茶山

革登、倚邦、莽枝、蛮砖、易武、攸乐。

那些上千岁的老茶树

在云南生活着世界上最古老的几株古茶树，它们当中年纪最大的有三千多岁，小的也有一千多岁。

最古老的茶树：锦绣茶祖

这株古茶树已经有3200多岁了，被称为"锦绣茶祖"。同时，它也是最粗壮的茶树，树干直径足有1.84米，需要8个人合围才能勉强抱住。

最高的茶树：千家寨1号古茶树

2700多岁的千家寨1号古茶树是世界上最高的古茶树，它高达25.6米，相当于八层楼高！

最有国际知名度的茶树——邦崴过渡型古茶树

这株邦崴"茶树王"只有1000岁左右，但却是我国古茶树中最有国际知名度的古茶树。20世纪90年代，它的发现成功推翻了茶叶原产于印度的国际认知，并让我国成为公认的茶叶发源地。

最隐秘的茶树——大雪山1号古茶树

大雪山1号古茶树与千家寨1号古茶树同龄，但大雪山1号古茶树藏于勐库大雪山茂密幽深的原始森林里。直到1997年，因为大旱，周围植物逐渐枯死，它才露出真容，被人们发现。

云南大叶种茶

　　大叶种茶是云南特有的茶种，它发芽早，叶芽又肥又壮，一年四季都可以采摘。大叶种茶茶叶中的海绵组织比小叶种茶更小，使得茶叶更耐泡；而茶叶富含茶多酚和儿茶素，也使得泡出来的茶味道更浓烈。

神奇的茶多酚

　　茶多酚又叫抗氧灵，是茶叶中多酚类物质的总称。它不仅有助于防辐射、抗衰老、防蛀牙，还能提神！

普洱茶

　　普洱生茶泡出来的茶汤是黄橙或泛绿的，口味偏苦涩；而熟茶茶汤红亮浓稠，口感偏甜。

滇红

　　滇红是云南红茶的简称，茶色鲜红明亮，泡在透明的茶杯中就像一块红翡翠一样。

滇绿

　　滇绿属于绿茶，它采用大叶种茶做原料，泡出来的茶香味更内敛，茶叶也更耐泡。

南糯白毫

　　南糯白毫也是一种绿茶，因为出自南糯山而得名。它的茶叶上长有白色的小绒毛，泡出来的茶汤是亮黄绿色的，口味香甜。

可以喝的"古董"——普洱茶

普洱茶已经有一千多年的历史了，和我们常见的绿茶、红茶、黑茶、白茶、青茶、黄茶等"六大茶类"都不一样。普洱茶选用大叶种茶茶叶作为原料，一般需要经过杀青、揉捻、干燥、自然发酵（生茶）或人工渥堆发酵（熟茶）等几道工序，越陈就越浓越香，所以有"古董茶"的说法。

意外之茶

茶马贸易中，马帮为了一趟能多运点货物，往往把茶叶压紧堆起来。这样在路上经过长时间的压制，加上当地气候湿热，茶叶逐渐自然发酵变成了普洱茶。

为什么叫普洱茶

普洱茶因为产自普洱而得名。它一开始是以"普茶"的名字流传出去的，到了明末才演变成现在这个名字。李时珍在写《本草纲目》时就称它为"普洱茶"。

清代贡品普洱茶

清初，为了讨好雍正皇帝，云贵总督鄂尔泰专门让人在普洱建立了茶厂和茶局，来管理普洱茶的制作和上贡，并规定每年需要上贡6万6千斤普洱茶叶。

普洱茶的冲泡

　　紫砂壶和盖碗是最常用也是最适合的冲泡普洱茶的茶具，普茶生茶用盖碗冲泡更留香，而熟茶用紫砂壶冲泡茶味更浓郁。

1. 启茶　在较松处撬开

2. 称茶

每 100ml 水投
4.5g 茶为宜

3. 温壶

均匀淋湿外壁

4. 投茶

夹起放入

5. 润茶

逆时针快注
慢收水

6. 正泡

定点壶口
低注水

7. 分杯
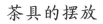
两指左右

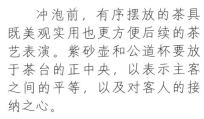
七分满

茶具的摆放
　　冲泡前，有序摆放的茶具既美观实用也更方便后续的茶艺表演。紫砂壶和公道杯要放于茶台的正中央，以表示主客之间的平等，以及对客人的接纳之心。

普洱茶的种类

　　根据外形，普洱茶主要分为散茶及紧压茶两种。散茶，顾名思义，是没有经过压制的散茶叶。把散茶蒸软，再压成坨、饼、砖等形状，就是紧压茶了。

沱茶
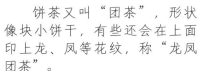

　　沱茶表面看像块圆面包，把底部翻过来就是一个碗的形状。

饼茶

　　饼茶又叫"团茶"，形状像块小饼干，有些还会在上面印上龙、凤等花纹，称"龙凤团茶"。

金瓜贡茶

　　金瓜贡茶也是团茶，是普洱茶独有的一种紧压茶。它最初都是贡品，外表胖乎乎的像南瓜。

砖茶

　　砖茶像砖头，一般会连同茶叶、茶茎还有茶末一起压制，因此品质会差些，有"一沱二饼三砖四散"的说法。

紫砂壶

客杯　　　客杯　　水盂　　散茶荷　　客杯

茶文化的摇篮——四川

　　四川省内茶区呈"C"字形分布，这和四川的地形有密切关系。四川地势西高东低，西面是群山争雄、江河奔流的川西高原，东面是一马平川、人口稠密的四川盆地。四川的茶区就分布在高原和平原的交界处，如一条矫健的青龙伏卧其中，包含了青城山、蒙顶山、峨眉山等产茶名山。与四川悠久而丰富的茶文化相呼应的是其富饶的自然条件。沃野千里的天府之国，不仅滋养着古茶树，也滋养着大熊猫、川金丝猴、扭角羚以及珙桐、攀枝花苏铁等古老的动植物，它们和乐观安逸的四川人，共同构成了美妙画卷。

活化石的避难所

地理条件复杂的四川如同古老生物的游乐园，它由全年湿润、冬暖夏热的东部盆地，阳光普照、冬冷夏凉的西北高原，以及只有干湿两季的西南山地组成。三个地势、气候截然不同的区域孕育出了种类多样的生物，仅植物就有一万多种。

紫色盆地

远古时期，四川盆地原本是一个大湖。后来因为地壳运动，湖周边的群山陆续拔起，扬起的紫红色碎石填平了大湖。这些碎石历经千万年的风吹雨打，逐渐变成了松软肥沃的紫色土地，俯瞰如一片紫色的海洋。

红杉

红杉是植物界的"巨人"，平均高达113米以上。四川红杉是我国特有的红杉品种，成树能长到数十米高，主要分布于岷江和大渡河流域。

攀枝花苏铁

苏铁是一种非常古老的植物，一般需要长到十几二十年才会开花，而攀枝花苏铁却是个特例，它几乎年年开花。每年3—6月，金沙江中游河谷的20多万株攀枝花苏铁同时开放，争芳斗艳，蔚为壮观。

活化石珙桐

珙桐是数千万年前遗留下来的古老植物，植株可以长到二十多米高。因为花朵像一只只展翅起飞的白鸽，一眼看去仿佛成群结队的鸽子栖息在高树上，所以又被称为"鸽子树"。

大熊猫

　　我国国宝"大熊猫"的故乡在四川，它是我国独有的动物，已经在地球上生存了800多万年了。虽然它有着熊一样的体型和锋利的爪子，却和猫一样温顺懒散，以竹子为食，喜欢睡觉，热爱和平。

川金丝猴

　　世界上仅有4种金丝猴，而川金丝猴是其中毛色最艳丽的一种。川金丝猴的脸是蓝白色的，头顶的毛色是深灰褐色的，全身还覆盖着一层绚丽的金色长毛。这一身神气的颜色使川金丝猴活像一个"美猴王"。

四川羚牛

　　羚牛是牛和羊的结合体。它的外形似牛硕大粗壮，还长有一对锋利的牛角，脾气也不好，却叫声如羊，有羊一样的小胡子。

长江之水天上来

如果把青藏高原比作一座悬崖，那发源于青藏高原的河流们就像飞流直下的瀑布，砸向了处于"崖脚"的四川。长江和黄河的上游都流经于此，其中长江贯穿了四川全省。四川西高东低的地形汇聚了大部分河流，也生活着多种生物。

金沙江

雅砻江

大渡河

岷江

涪江

沱江

嘉陵江

渠江

安宁河

金沙江

金沙江（云南）

白鱀豚
生活在长江中下游的深水层

原长江上、中、下游都有分布

胭脂鱼

长江（重庆）

白鲟
四川宜宾的长江和金沙江河段是白鲟最爱去的产卵场

达氏鲟
四川宜宾以上的金沙江下游是其主要活动区

金沙鲈鲤
主要活动于四川的长江和金沙江河段，云南也有分布

长江鲥鱼小档案

体型 ★★★
体长：51cm
体重：2kg

长江鲥鱼平时生活在海里，只有每年初夏才会溯流而上到长江中产卵，非常准时，因此被称为"鲥鱼"。

千河之省

四川省内的河流接近1400条。这些河流的整体水流量是黄河的五倍多，长江三分之一的水量都来自四川。

胭脂鱼小档案

体型 ★

体长：14.6cm
体重：5~7kg

　　胭脂鱼因其成年后通体呈胭脂红而得名，但它的体色是可以随心情变化的。胭脂鱼的长相很奇特，有很高的背鳍，游起来像一艘扬帆起航的船。

达氏鲟小档案

体型 ★★☆

体长：44.1cm
体重：0.625kg

　　达氏鲟与白鲟同属于长江流域的珍贵鱼类，但达氏鲟属于小鱼，处于食物链的中低层，只能吃昆虫幼虫和植物碎屑、藻类等。与白鲟一样，达氏鲟也喜欢溯游到长江上游产卵，四川宜宾以上的金沙江下游是它们的主要活动区域之一。

金沙鲈鲤小档案

体型 ★★★★

体长：60cm
体重：0.5~1kg，
　　　最大可达 15kg

　　金沙鲈鲤全身披着黑黄相间的"铠甲"，就像豹纹外衣。它平时游弋在金沙江的中上层，吞食其他杂鱼易如反掌，宛如统治了江中的世界。

白鱀豚小档案

体型 ★★★★☆

体长：1.5~2.5m
体重：230kg

　　白鱀豚是我国特有的小型淡水鲸，胆小怕人，只生活在长江中下游的深水层。

白鲟小档案

体型 ★★★★★

体长：最大可到 7.5m
体重：200~300kg

　　白鲟是我国最大的淡水鱼，成年白鲟能长到7米多长。它的吻部细长像象鼻，平时喜欢捕食大小鱼类和虾蟹，食量很大，一次就要吃掉自己体重5%的食物。四川宜宾的长江和金沙江河段一度是白鲟最爱去的产卵场。

12~13 条金沙鲈鲤加在一起，才有一条白鲟这么长。

扼住洪水的喉咙——都江堰

都江堰至今已经为成都平原灌溉了二千多年。在都江堰建造之前，泛滥的洪水使得四川成为一个非涝即旱的不毛之地，有"泽国""赤盆"之称。而李冰父子修建的都江堰彻底根除了水患，使得四川成为水旱从人、不知饥馑的天府之国。

东旱西涝的古四川

岷江是长江上游最大的支流，它从川西北的龙门山与邛崃山之间的峡口冲出，受到玉垒山的阻隔后被迫南流。这就导致东部的平原常年干旱，而川西却成为一片汪洋泽国。东旱西涝令当地人们苦不堪言。

岁修都江堰

都江堰的堤坝大多是用竹笼装入石头垒成的，在流水长期的冲击下很容易腐坏，而引水的河道也容易淤积泥沙，因此每隔一段时间就需要对都江堰进行修复维护。

1. 分水鱼嘴

2. 飞沙堰

3. 宝瓶口

都江堰的主要构成部位

都江堰主要由分水鱼嘴、飞沙堰、宝瓶口三大部分组成。后来为了观测和控制内江水量，江中又被放入了不少石人石马等镇水神器。

1. 分水鱼嘴

鱼嘴是都江堰的分水工程，它像一个硕大的鱼头，正面迎接湍急的岷江主流，并将之分为内外两条支流，同时解决了分洪和引水入东两个问题。

2. 飞沙堰

飞沙堰是专门为应对洪水期设计的，一般比内江水面高，当内江水量超过上限后，洪水就会漫过飞沙堰流入外江，并带走大量内江的泥沙。

3. 宝瓶口

宝瓶口是在玉垒山上开凿出来的一个山口，岷江水就从这里流入东边广阔的成都平原。它的西边还保留着开凿时分离出来的石堆，称离堆。

镇水神器

古代人因为对自然灾害缺乏客观的认识，常常会将遏制灾害的美好愿望寄托于雕像身上，镇水神器就是古代人为了镇压河流而投放的各种雕像。其中以高达2.9米的李冰石像最为特别。除了石人像，历代曾在都江堰水下投放过石马、石牛、铁乌龟和铁牛等各种镇水神器，但大多不知所终。

水利始祖李冰

战国时，有志统一六国的秦国认为拿下巴蜀是吞并强敌楚国的前提，因此秦昭王任命李冰前来经营四川。李冰精通天文地理，他上任后，将治理水灾当作第一要务，带领当地民众先将玉垒山凿穿，引水入成都平原灌溉，再建鱼嘴将肆虐川西的岷江水分流，最后又建了分沙泄洪的飞沙堰。这个宏大的水利工程造福四川二千多年，而李冰也被后人尊称为"水利始祖"。

史上第一碗茶

四川是我国最早与茶结缘的地方，早在古老的西周时期，川东一个神秘的部落"巴族"就已将茶叶作为贡品进献给了周武王。在秦汉以前只有四川产茶和饮茶。到了西汉，成都南边出现了最早的茶叶市场——武阳茶市。步入唐朝，川茶迎来了"巅峰时刻"，全国形成了"唐茶以蜀茶最贵"的共识，其中蒙顶茶最负盛名。

武阳茶市：最早的茶叶市场

武阳茶市遗址在眉州彭山区，是中国最早的茶市。关于它有个趣闻：公元前59年，辞赋家王褒来四川游学，借住在名叫杨惠的寡妇家。他常指派这家的仆人便了去买酒，便了不仅不愿，还到男主人墓前倾诉不满。于是王褒一气之下买下便了，还立了《僮约》，给他安排各种劳动，其中就包括"武阳买茶"。这是最早关于买茶的记载。

一路往西——川藏古茶道

川茶最早是在唐朝流入西藏的，而茶叶消食解腻的功能，也让肉食乳饮的藏民很快爱上了饮茶。宋明时期，西北各族纷纷卖马购买内地茶叶，川藏古茶道由此形成。它崎岖难行，尤其是雅安到康定这段骡马难走，多靠人力（俗称"背背子"）搬运。

成都：泡在茶缸里的城市

茶馆是成都最受欢迎的场所，老少咸宜、四季皆便。成都人爱喝茶，更爱泡茶馆，因此，成都几乎能达到"十步一茶馆，百步一茶楼"的地步。

"川戏窝子"——悦来茶楼

悦来茶楼是川剧戏迷心中的圣地，被称为"戏窝子"，曾聚集了许倩芸、郭存筠、刘克莉等川剧大腕登台表演。

高端的场所——华华茶厅

抗战时期，华华茶厅是全成都乃至全四川最大的茶馆。同时，它也是昔日春熙路上最高档的茶馆，进来喝茶的都是身穿长衫的有钱人。

最老牌的茶馆——鹤鸣茶社

鹤鸣茶社是成都主城里最老也是最有名的茶馆了，位于人民公园内，主体建筑是传统的川西水榭建筑，旁边靠着一个不小的湖面，景色相当宜人。

盖碗茶

盖碗茶起源于四川，茶具由茶盖、茶碗、茶托三部分组成，这套设计蕴含了极妙的喝茶艺术。茶盖可以保温透气、搅水隔叶，茶托可以稳托碗底、隔热免烫。喝茶时，人坐于竹椅之上，一手端茶碗，一手拈茶盖，轻轻拂动茶水，再将茶盖斜扣在茶碗上，从茶盖和茶碗之间的缝隙品味茶水，恣意闲适。

茶馆里的慢生活

对于四川人来说，在茶馆喝茶喝的不是高雅，而是一种热闹。茶馆更像一个多功能场所，在这里，人们可以借着喝茶摆龙门阵、谈生意、调解纠纷、看川剧、打麻将、打盹儿、掏耳朵……茶馆就是一个放松身心的地方，也是人们的快乐家园，人们在这里将闲散安逸发挥到了极致。

1. 川剧

2. 掏耳朵

3. 打麻将

1. 川剧

川剧演员也会在脸上画上图案，用来表明角色的性格特征，叫面谱。比如关羽涂红脸表示忠贞，曹操涂白脸表奸诈。甚至可以随着情节转折和角色内心变化随时改变面谱，这就是变脸。变脸分抹脸、吹脸和扯脸三种，其中扯脸是把面谱画在丝绸上，再用一根细线连着藏在衣服里，表演时只需轻轻一扯就能不动声色地变脸。

2. 掏耳朵

掏耳朵是四川茶馆的常见服务，掏耳师傅也叫"舒耳郎"。每一个舒耳郎都拥有一套包括棉球、小勺、小铲、小刷子等在内的名目繁多的职业工具。

3. 打麻将

四川人一日不打麻将就手痒，办喜事要打几圈，办丧事也要来几轮。打麻将对于四川人来说已经不仅是一种游戏，而是他们日常生活必不可少的一部分了。

4. 摆龙门阵

"摆龙门阵"就是几个人在一起闲聊、讲故事。讲的人绘声绘色，极尽铺陈、排比、夸张、联想之能事。说到口干舌燥的时候，一盏清茶下肚，生津解渴，讲得更加尽兴。

5. 吃讲茶

旧时，四川人有了纠纷，大多是请来有势力的保长、乡绅或者袍哥来茶馆断案，错的一方要付茶钱并且当场赔礼道歉甚至受刑，这就叫"吃讲茶"。

4. 摆龙门阵

5. 吃讲茶

"C" 字形古老茶区带

四川至今还遗存着两片野生古茶树区，分布于四川盆地与云南交界的地方以及盆地西部边缘。而四川的人工茶园就与野生古茶树同时挤在环形的绿色走廊中，俯瞰整个产茶区就像一条游走的玉龙一般盘在四川盆地和雪山的交会处。

四路茶区

旧时，四川的产茶区共分为四块。

1. 西路茶区

以都江堰为中心，产区包括彭州市、茂县、大邑、什邡、绵竹等，腹茶和边茶都有出产。

2. 南路边茶区

以雅安为产茶中心，康定为运销中心，出产的茶叶专销西藏。

3. 下河茶区

分布在岷江下游，包括乐山、峨眉、宜宾、屏山、古蔺等地，主要出产内销的腹茶。

4. 东路茶区

主要在四川东北部，包括忠县、万源等地。

表面有绒毛

灌木中叶类：宜宾早白尖

树枝茂密，发芽早，叶子绒毛多，适合用来制作绿茶和工夫红茶。

叶质肥厚

灌木大叶类：古蔺牛皮茶

树比较高，分枝疏，树冠大，叶子肥厚，像牛皮。

四川的茶树类型

因为地处南方和北方的过渡带，四川的茶树既有高大的乔木，也有相对低矮的半乔木，还有更矮小的灌木，其中以中小叶的灌木型茶树最多。

乔木大叶类：崇庆枇杷茶

植株高大，叶芽肥壮，叶片像枇杷叶，适合用来制作红茶。

枇杷茶叶片大

VS

其他绿茶叶片小

四川名茶清单

四川以绿茶最多，蒙顶山茶、峨眉竹叶青、宜宾早茶、川红工夫是其中的典型代表。

绿茶的制作工序

绿茶的加工可以简单分成杀青、揉捻、干燥三步，其中杀青是最关键的一步，共有炒青、烘青、晒青、蒸青等四种杀青方式。

1. 杀青

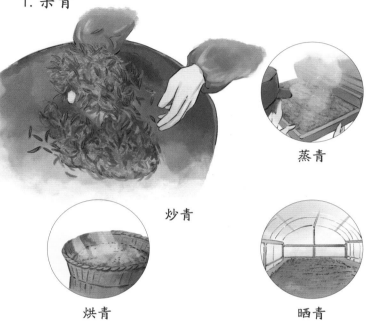

蒸青

炒青

烘青

晒青

2. 揉捻

像揉面一样对茶叶进行揉捻

3. 干燥

排出过多水分，防止霉变，便于储藏

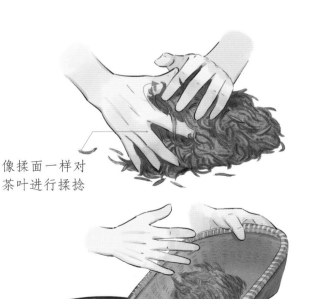

什么是绿茶？

绿茶就和它的名字一样，不仅制成的茶叶是绿色的，而且泡出来的茶汤也是绿的。绿茶是一种没有经过发酵的茶叶，制作工序简单，保住了鲜茶叶的颜色和其中众多的天然物质。

蒙顶山茶

蒙顶山茶因出产于蒙顶山而得名，共有近十个品种，泡出来的茶汤色黄亮，香甜浓郁。

宜宾早茶

每年2、3月间，当四川其他茶区和江浙茶区还在过冬的时候，宜宾早茶就已经上市了。

峨眉竹叶青

竹叶青出产于峨眉山，茶叶扁平光滑，像竹叶，一般在清明之前采摘。冲泡时碧绿细长的茶叶根根竖立在微黄带绿的茶水中。

川红工夫

川红工夫与滇红、祁红并称为我国三大工夫红茶。它的茶叶乌黑油润，上面长有金色的绒毛，泡出来的汤色红亮、清澈。

茶中"甘露"——蒙顶山茶

2100多年前，种茶始祖吴理真在蒙顶山植下七棵茶树，开启了人类数千年来的种茶历程。蒙顶山茶园也从这七棵茶树开始不断发展扩大，最终成为闻名遐迩的名茶园。到了唐朝，蒙顶山茶被统治者和文人雅士推崇备至，因此在后来的1000多年它都被列为贡茶。

最初的种茶人

两千多年前，蒙顶山还是一片荒山，一个农家少年吴理真在砍柴时随手采了把野茶叶回家，意外发现茶水能够治病，为此他决定种茶造福乡里。为了找出最好的茶籽，他跑遍了蒙顶山三十八座山峰。为了种出最好的茶叶，他常年露宿荒野。就是在这样艰苦的条件下，吴理真成功地在蒙顶山培育出了世界最早的人工茶树。

扬子江心水，蒙顶山上茶

吴理真种下的七株茶树是最贵重的，被围起来作为"皇茶园"，出产的茶叶只作皇室祭祖的供品，称"正贡"。皇茶园旁边的五座山出产的茶叶其次，只有皇帝能享用，称"副贡"。而五峰以外的茶叶是品质最差的"陪贡"，但也只有王公大臣才能分得。

和尚种茶

蒙顶山除了茶树多，寺庙也多，唐朝时山上共有36座寺庙之多。而且蒙顶山贡茶院历代的掌管者都是山上的僧人，一般分为种茶僧、看茶僧、采茶僧、制茶僧等几种。每一个寺庙一般只负责其中一项工作，如千佛寺专管种茶，净居寺管采茶，智炬寺只管制茶，天盖寺管评茶。

蒙顶山茶的制作工艺和茶艺

因长期专供达官贵人，蒙顶山茶每年只采摘一季，从采摘到制成需要经过十三道工序。而在蒙顶山修行的众多茶僧也为蒙顶山茶发展出了龙形十八式、天风十二品等独具特色的茶艺。

禅茶就是寺院僧人种植、采制、饮用的茶，以"正、清、和、雅"为精神文化。禅茶不仅可以解乏提神，还能清心涤烦，以茶悟禅。

扁形茶

扁形茶，顾名思义就是外形扁平的茶叶，一般是把鲜茶叶高温杀青后压扁而成的，呈长椭圆形，大部分都是绿茶。蒙顶山茶和西湖龙井都是扁形茶。

龙形十八式茶技

龙形十八式是动感阳刚的，看起来更像一场武术表演，因为它融合了传统茶道、武术、舞蹈等多种艺术动作。表演者手持一把长嘴茶壶，像龙一般旋转舞动，却每次都能准确地将茶水注入杯中。

建在山上的城市——重庆

重庆依山体而建，起伏的山势形成了这样一种奇观：这家的十楼可能是那家的一楼！重庆还多雾，如遇大雾天气，从高处向下望去，只见高楼大厦"泡"在一片云气之中，真像人间仙境。在重庆的西南面，长江一路横冲直撞贯穿了主城区，在重庆的东大门"巫山"切出了三个缺口，这就是天下闻名的长江三峡。

山城雾都

成都和重庆同在四川盆地，却有着截然不同的地形条件。如果说成都坐拥一片沃土平原，那重庆就是层峦叠嶂的山城，这导致重庆的空气湿度非常高，一年接近三分之一的时间都是雾天。而嘉陵江南岸沿江而建、依山就势、高低错落的"悬崖城"洪崖洞，正是"山城雾都"的名片。

巴山夜雨

早在唐朝，著名诗人李商隐就发现了"巴山夜雨"的天气现象："君问归期未有期，巴山夜雨涨秋池。"因为地形原因，四川盆地的雨大多挑着夜深人静时才淅淅沥沥地下，天一亮就停了，仿佛怕打扰了人们一样。

瞿塘峡

瞿塘峡是长江三峡中的第一个峡口，其西端的入口被称为"鬼门关"。咆哮的江水在喧挤中四处乱走，这赫赫水势令杜甫都感叹道："众水会涪万，瞿塘争一门。"

神女峰

神女峰是巫山十二峰之一，就坐落在巫峡北岸，高860米。其山巅立有一块巨石，远看像静坐的少女，云雾缭绕时更像披上轻纱的仙女，因此称为神女峰。

巫峡

巫峡是三峡的第二个峡口，它的长度是瞿塘峡的八倍，以峡长谷深著称。峡江两岸群峰如屏，隐天蔽日；江水湍急曲折，千回百转。山中有不绝的猿啼，古老的渔歌仿佛穿越千年的迷雾在耳边重现："巴东三峡巫峡长，猿鸣三声泪沾裳。"

万山丛中有香茗

重庆自古以来就是产茶胜地。市内茶区主要分布在三块地方：以永川为中心的西南茶区，以秀山、南川为核心的东南茶区，以及以万州为中心的东北茶区。古代的重庆名茶主要出产于大巴山南麓的东北茶区，如香山贡茶、龙珠贡茶、鸡鸣贡茶等。

白帝城下的香茗——香山贡茶

今天的重庆奉节一带是历史上著名的夔州产茶区（三峡心腹地带），香山贡茶就出产于奉节的白帝城附近，离瞿塘峡不到十千米。香山茶是唐、宋、清三代贡茶，直到清末民国时期才渐渐衰落。

茶香不怕谷深——鸡鸣贡茶

在大巴山南麓、群山环抱的山谷河畔，坐落着一座千年古寺鸡鸣寺，寺庙后院种满了郁郁葱葱的大茶树，寺内僧人空闲之余会爬树摘茶并将之制成绿茶。鸡鸣寺茶发芽早且异常鲜嫩，冲泡出来的茶水清香扑鼻，渐渐被推举为当地第一茶。

一首唐诗成就的贡茶——龙珠茶

"顾渚吴商绝，蒙山蜀信稀。千丛因此始，含露紫英肥。"这是唐朝诗人韦处厚对龙珠茶的盛赞，龙珠茶也因这首诗一炮而红。当时，韦处厚被贬到偏僻荒凉的开州（现重庆开州区）做刺史，他闲暇之余寄情山水，陆续为当地写下了《盛山十二景》组诗，其中的《茶岭》首次提到了开县的龙珠茶。

重庆的现代名茶

清末民初，社会动荡、民不聊生，重庆茶业也随之一蹶不振，历代的名茶、贡茶纷纷销声匿迹。新中国成立后，为了振兴本地经济，陆续产生了永川秀芽、缙云毛峰、巴南银针等遐迩闻名的现代名茶。

永川秀芽

产于终年云雾萦绕的云雾山、箕山等五大山脉，是一种针形茶，茶叶笔直苗条，表面披着细小的白毛。冲泡用水只需80摄氏度左右即可。

缙云毛峰

产于重庆北碚的缙云山。它是条形的烘青绿茶，茶叶上面有白色毫毛，但整体呈现嫩黄色，泡出来的茶汤也偏淡黄色。

重庆沱茶

重庆沱茶、云南沱茶（生沱）以及普洱沱茶（熟沱）是我国著名的三大沱茶。但重庆沱茶属于后起之秀，成茶形状像碗，色泽乌黑油润，香气馥郁。

巴南银针

巴南银针是针形绿茶，叶片上铺满了白毛。因为茶树选用香气特浓的"梅占""福鼎"、云南大叶茶等良种，茶味嫩香持久。

毛峰和银针的区别

毛峰茶是绿茶的一种，因为茶叶外形细紧微卷，茸毛和芽尖清楚可见，有毛有峰，所以叫"毛峰茶"。银针则是白茶（微发酵茶），只用茶芽制作，成品是针形的，披满白毫，如银似雪。

 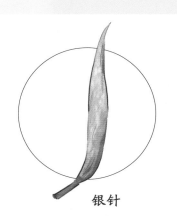

毛峰　　　　　　银针

秘境中的产茶宝地——贵州

　　贵州是兼具"低纬度、高海拔、少日照、多云雾、无污染"的高原优质茶区。所谓"高山云雾出好茶"，在地理条件上，贵州产茶可谓得天独厚，可是黔茶却一直不为人所知。在贵州这片多彩大地上，不仅埋放着世界最古老的茶籽化石，还有数十万株古茶树沉睡着，准备有一天一鸣惊人。

　　"八山一水一分田"的贵州有雄奇多彩的喀斯特地貌、黄绿相间的千亩梯田、戴着银饰的少数民族，以及秃杉、黔灵山冬青、黔金丝猴、黑颈鹤等珍稀动植物。数千年来，他们共同谱写了动静结合、和谐自然的五彩贵州。

天然石雕展览馆——喀斯特地貌

　　云贵高原是我国最典型的喀斯特地貌分布区，这里既有充足的降水量，也分布着广阔的石灰岩岩层。如果把流水比作一个勤恳敬业的雕塑家，那么石灰岩无疑就是其最佳的创作原料，石林、峰林、天坑以及溶洞都是流水的杰作。

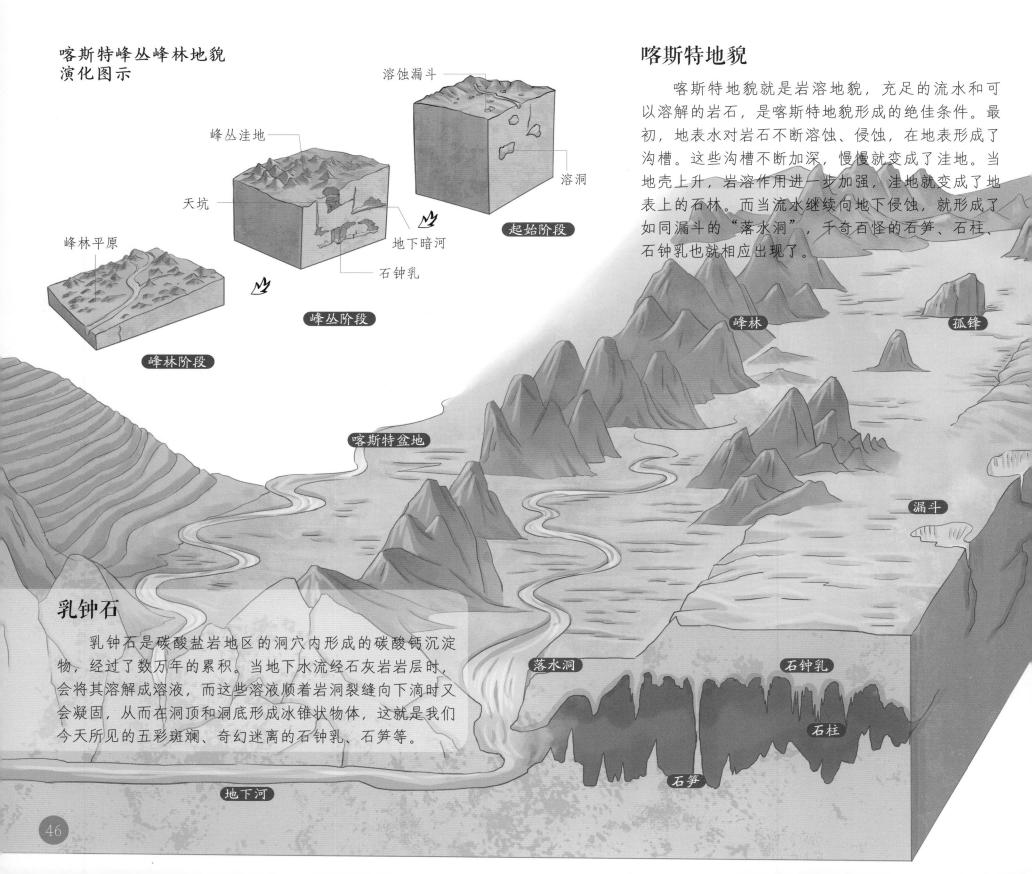

喀斯特峰丛峰林地貌演化图示

溶蚀漏斗

峰丛洼地

天坑

溶洞

峰林平原

地下暗河

起始阶段

石钟乳

峰丛阶段

峰林阶段

喀斯特盆地

峰林

孤锋

漏斗

落水洞

石钟乳

石柱

石笋

地下河

喀斯特地貌

　　喀斯特地貌就是岩溶地貌，充足的流水和可以溶解的岩石，是喀斯特地貌形成的绝佳条件。最初，地表水对岩石不断溶蚀、侵蚀，在地表形成了沟槽。这些沟槽不断加深，慢慢就变成了洼地。当地壳上升，岩溶作用进一步加强，洼地就变成了地表上的石林。而当流水继续向地下侵蚀，就形成了如同漏斗的"落水洞"，千奇百怪的石笋、石柱、石钟乳也就相应出现了。

乳钟石

　　乳钟石是碳酸盐岩地区的洞穴内形成的碳酸钙沉淀物，经过了数万年的累积。当地下水流经石灰岩岩层时，会将其溶解成溶液，而这些溶液顺着岩洞裂缝向下滴时又会凝固，从而在洞顶和洞底形成冰锥状物体，这就是我们今天所见的五彩斑斓、奇幻迷离的石钟乳、石笋等。

贵州山核桃

贵州山核桃是贵州特有的核桃品种，其树丛不仅可以观赏，还是石灰岩山地绿化造林的树种。这种山核桃的叶子可达11~20厘米长，一张叶子就能盖住黔金丝猴的脸，而且果实皮薄饱满、味道清香。

秃杉

秃杉是高大又长寿的古老植物，它能长到70多米高，可活数千岁。即使死后，它也光滑细腻、耐腐耐用，散发清香。

黔金丝猴

黔金丝猴是最濒危、最珍贵的一种金丝猴。它的面部中心是灰蓝色的，鼻孔上扬，最独特的是两肩之间有块白斑。

大花枇杷

大花枇杷是树干笔直的高大乔木，一般与贵州山核桃相伴而生。果实酸甜可口，也可以用来酿酒，种子还能榨油。

髭蟾

髭蟾是我国特有的动物，身长可达10厘米，上颌长有胡子般细长的黑刺，平时待在树根、杂草间，喜欢吞吃蝗虫、金龟子等。

悄然流淌的地下暗河

因为喀斯特地貌遍布省内，贵州的河流是地上河和地下河齐流的状况。一道苗岭将贵州的地上河分为南北两大流域，苗岭以北是长江上游流域的四大水系，以南则是珠江上游流经的另外四大水系。而在地面之下，多达上千条的地下暗河悄然流淌，它们与溶洞、跌水、瀑布、洞穴还有千奇百怪的洞穴生物，共同构成了神秘莫测的地下世界。

黄果树瀑布

黄果树瀑布位于珠江水系的白水河河段，古称白水河瀑布。它是喀斯特地貌中的侵蚀裂典型瀑布，也是中国最大的瀑布。黄果树瀑布高度为77.8米，宽101米。当奔腾的河水从崖顶飞流而下时，水珠能溅起100多米高，如千人击鼓，声似雷鸣。

暗河

暗河是流动在地下岩溶通道的地下河，70%的暗河都分布在石灰岩地层中。而这些地下河道则是由溶洞、溶潭、地下湖、地下瀑布以及神奇洞穴组成的。

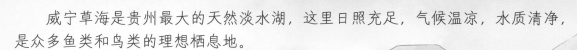

威宁草海

    威宁草海是贵州最大的天然淡水湖，这里日照充足，气候温凉，水质清净，是众多鱼类和鸟类的理想栖息地。

黑颈鹤

    黑颈鹤与丹顶鹤长得很像，是唯一生活在高原的鹤。每年10月，它们会成群结队南飞到云贵地区过冬；而到了3月开春，就又飞回西藏、青海等地繁殖。贵州的威宁草海是黑颈鹤的主要栖息地之一。

不织网的蜘蛛

洞穴蜘蛛生活在地下溶洞中潮湿的环境，使得蛛丝既易断又没有黏性，因此洞穴蜘蛛已经放弃织网。它更喜欢在洞壁上挖出一个个圆形的小洞，然后躲在洞口伺机捕食路过的马陆等小动物。

通体透明的马陆

洞穴马陆与洞穴蜘蛛是一对老冤家，前者经常被后者捕食。因常年生活在不见天日的地下，洞穴马陆已经变得通体透明，宛如白玉雕成一般。

草海细鱼

草海细鱼是威宁草海的特产小鱼，体长只有1～3厘米，但它却是个贪吃的家伙，肚子和嘴巴里塞满了红虾。

贵州萍蓬草

贵州萍蓬草是我国特有的珍稀物种，它虽然叫草但其实属于睡莲的一种。它的叶子也是心形或者卵形的，中间开着金黄色的小花。

默默无闻的贵州茶

茶香也怕巷子深，好茶也需要吆喝。虽然与云南和四川同为茶树的三大原产地，且坐拥百万株古茶树，贵州却既没有云南那样知名的古茶树群，也没有发展出四川那般源远流长的茶文化。历史上，贵州茶一直处于空有好茶但无人知晓的尴尬境地，因此每年进贡以及互通有无的茶马贸易，毫无疑问就是贵州茶向外地乃至全国亮相的最佳机会了。

贵州茶：空有好茶无名声

早在一千多年前，茶圣陆羽就已经发现贵州茶的与众不同，并赞叹"其味极佳"。但由于古代贵州长期经济落后、交通不便，贵州茶并没有建立自己独立的区域品牌，而是被混称为"滇茶"或者"川茶"默默无闻。

茶马贸易的中转站

贵州在茶马古道中段，是滇人北上和川人南下的必经之道，因此逐渐成为茶马贸易的中转中心。至南宋时，中央政府和北方游牧民族战事不断，南宋只能转向云南、广西买马，云桂间的贵州由此成为马匹交易中转市场。

贵州茶中的王者——都匀毛尖

都匀毛尖是我国十大名茶之一，因其外形优美、茶色独特，自明代起就被列为贡茶。

外形优美——鱼钩雀舌

都匀毛尖外形优美，在不同状态下呈现出不同的样子。干茶纤细卷曲，像小鱼钩，但是泡开后的茶叶又伸展开来，呈现一芽一叶的雀舌形状，因此又被称为"鱼钩茶"或"雀舌茶"。

茶色独特——三绿三黄

都匀毛尖是黄与绿的完美融合，具有三绿三黄的独特茶色。干茶时，色泽绿中带黄；泡开时，汤色绿中透黄；叶底绿中显黄。黄绿就是它的底色。

贵州茶的代表——"三绿一红"

"三绿一红"是现代贵州茶的代表，指的是绿茶都匀毛尖、湄潭翠芽、绿宝石和红茶遵义红。

绿宝石

绿宝石舍弃了传统绿茶钟情独芽的奢侈习惯，大胆采用一芽二三叶为原料，成茶是盘花状的，颗粒紧实如宝石，茶叶泡开后也是嫩绿鲜活的，透着仿佛绿宝石般的美丽光泽。

湄潭翠芽

遵义红茶

湄潭翠芽和遵义红都出产自贵州第一茶乡——湄潭县。湄潭翠芽同样外形优美如雀舌，而且泡出来的茶不仅有茶香还有栗子味和花香，三香兼备。

作料丰富的茶席

对于贵州少数民族来说，茶不仅是用来解渴的，还是用来饱腹的，他们把茶做成了饭！日常生活中，一日三餐离不开咸香可口的油茶，逢年过节也偏爱吃软糯诱人的擂茶汤圆。即使是在婚礼这种人生大事中，也还是少不了茶席这顿大餐。

苗家汤圆——擂茶面

擂茶面相当于苗族的汤圆，制作时需要先把茶叶、花生、芝麻、香叶等"馅料"一股脑捣碎，然后加入糯米丸子一起煮熟。

香叶　茶叶　芝麻　花生　糯米丸子

彝族罐罐茶

罐罐茶是一种烤茶。它是先用小陶罐把茶叶烤热炒焦，再往里倒入开水冲泡而成的。喝的时候一股焦香苦味，既能暖身又能消食解腻。

油炸食品——侗族打油茶

侗族打油茶的配料非常丰富，有糯米花、炒花生、黄豆、葱花、菠菜，还有猪肝、粉肠等肉类，而且几乎所有的配料都用茶籽油炒过或炸过，吃起来鲜香酥脆。

独特的少数民族婚俗：以茶为聘

　　结婚是一件人生大事，历来婚礼都有一套复杂烦琐的流程，汉族有"三书六礼"，贵州少数民族也有"三回九转"。旧时贵州不少地区流行用茶叶作聘礼，说亲时男方需要先给女方家送上三道茶，得到女方首肯后，才能进行接下来的订婚期、迎娶等流程。

一宴三吃——三幺台

　　仡佬族的婚宴是一宴三吃，茶席、酒席、饭席轮番上阵。茶席接风洗尘，吃的是油茶和素菜；酒席谈笑风生，喝爬坡酒就下酒菜；最后的饭席才是正餐，荤素搭配，冷热皆全，满桌佳肴。三席之后，人人酒足饭饱，宾主尽欢。

茶席

酒席

饭席

茶马古道的终点站——西藏

西藏这片土地是千山之巅、万水之源，但也正是因为地势太高，高处不胜寒，西藏大部分地区都不适合种茶。但当地人们肉食乳饮的饮食习惯使得他们"一日不可无茶"，这就让西藏成为西南最大的茶叶消费市场，千百年来，吸引了无数来自云、贵、川的马帮商队。他们依靠人背马驮，生生在崇山峻岭中踏出了一条条贯通南北东西的茶马古道，极大地丰富了藏地边民的经济文化生活。

世界最高的山峰

世界最高峰珠穆朗玛峰素来就是探险者的终极挑战圣地，那高不见顶的雪山终年在云雾缭绕中保持着神秘的威仪，大片无人之境散发着原始又危险的迷人信号。

世界至高珠穆朗玛

珠穆朗玛峰高达8848米，相当于14座上海中心大厦（高632米）叠起来那么高。更有趣的是，珠峰还在不断长高，每过一百年它就会长高7厘米左右。

高原小精灵——藏羚羊

藏羚羊是雌雄有别的动物，只有雄羊头上长有半米长的细角，细长如鞭，十分漂亮。藏羚羊虽然十分机警且跑得快，但多年来一直面临着被盗猎的危险。

娇气的大花黄牡丹

大花黄牡丹对于生长环境十分挑剔：土壤要适宜，不能干旱贫瘠；阳光要适宜，不能过晒或过少；气候要适宜，不能太冷或太热。因此它只分布于雅鲁藏布江狭长温暖的河谷内。

珠峰
8848 米

14
13
12
11
10
9
8
7
6
5
4
3
2
1

上海中心大厦
632 米

1 : 632（米）

亦毒亦药的西藏红豆杉

西藏红豆杉是种神奇的古老植物，主要分布在藏南的河谷。它既是宝药又是毒药，它的树根和树皮含有能够抗癌的紫杉醇，价值连城，但小巧玲珑的红果则含有剧毒！

高原长跑能手——藏野驴

藏野驴长得像骡子，喜欢而且擅长长跑，每天都要游荡几十千米才肯罢休！

不屈的生命——雪莲花

雪莲花比梅花还要不畏严寒，它生长在数千米高、平均气温只有零下几十摄氏度的雪山岩缝石壁上。

浑身是宝的牦牛

牦牛是藏民日常生活不可或缺的老伙计，它既能负重又会认路，号称"雪山之舟"。它的皮毛、肉和奶可以用来穿和吃，它的粪便可以用来烧火。千百年来，藏民驯养了牦牛，牦牛也养育了藏民。

中华水塔——西藏水域

　　我国水域面积最大的省份是深居内陆的西藏！在120多万平方千米的西藏土地上，河流、湖泊、冰川等水域就占了61万多平方千米，其中河流和湖泊是最主要的水域。我国三分之一的湖泊、二分之一的冰川都在西藏，而且长江、怒江（萨尔温江）、澜沧江（湄公河）以及雅鲁藏布江（布拉马普特拉河）等亚洲大河都发源或流经这里，因此西藏有"中华水塔""亚洲水源"的美誉。

冰川纵横

　　因为严寒，西藏的水大部分以固态冰雪的形式呈现，如蓝水晶般的古老冰川。这些冰川最初是高山上的积雪，随着夏季气温升高而融化，后又再度冻结，变成了团状或粒状的雪粒。这些雪粒堆积，互相挤压，最终变成了原始冰川。

星罗棋布的湖泊

　　西藏的大小湖泊共有1500多个，但大部分都是内陆咸水湖。一般拥有充足淡水供应（降雨、江河水、融雪水等）的湖泊，湖水含盐度很低，就属于淡水湖；而那些得不到充足淡水补充的湖泊，盐分越积越多，就变成了咸水湖。当湖水含盐量达到一定程度，甚至会在湖面结成一圈圈银白的结晶，这就是盐湖了。

世界最大的峡谷——雅鲁藏布江大峡谷

雅鲁藏布江大峡谷是世界上最大、最深的峡谷，这里气候暖湿、雨水充足，生活着丰富多样的生物，被誉为"植物博物馆"以及"生物资源基因宝库"。

蓝眼睛的蛙——波普拟髭蟾

波普拟髭蟾是近几年才被发现的新物种，有一双晶莹剔透的蓝眼睛，远看宛如一对镶嵌在褐色石头上的蓝宝石。

没有鳞的鱼——尖裸鲤

尖裸鲤，顾名思义，就是吻部尖长且没有鱼鳞的鱼，只分布于雅鲁藏布江中游。

会潜水的鸟——黑水鸡

黑水鸡宛如一只身披黑羽衣、头戴红盔甲的小将。它虽然是鸟，但却不能飞高也不能飞远，最擅长的居然是潜水和游泳。

贪玩的水獭

水獭长相很可爱，有圆圆的脸、毛茸茸的嘴唇、柔软的身体和一双永远好奇的眼睛，看起来憨态可掬，非常惹人喜爱。水獭很贪玩，喜欢在雪上滑行、打滚，还经常在河边捡石头当作玩具来玩。

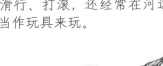

"人参果"蕨麻

蕨麻也是种浑身是宝的生物，它的根部富含淀粉，它的茎叶可以提取黄色染料。青藏地区的人们把它称为"人参果"，藏民在藏历新年时几乎家家户户都要吃蕨麻。

不可一日无茶

随着茶叶入藏，藏民逐渐养成了"宁可三日无粮，不可一日无茶"的饮食习惯。

藏茶的供应源——边茶

边茶是专门销往边疆少数民族地区的茶叶，主要是来自四川的康砖和金尖以及云南的紧压茶，基本上都是砖茶。在历代茶马贸易中，茶马的交易价格波动很大。北宋神宗年间，中央马匹充裕，一匹马只能换100斤茶；而到了战事连绵的南宋，一匹马就能换1000斤茶了。

茶叶战争：印茶的冲击

19世纪末，急需资本原始积累的英国想用殖民地印度大吉岭茶区的茶叶垄断西藏巨大的茶叶消费市场。为此，英国靠入侵和机械化生产，终于令印茶在价格和产量上碾压边茶，在民国时占领了西藏的茶叶市场。

西藏种茶史

新中国成立后，茶树才开始真正在西藏推广种植。其中，西藏东南部的林芝地区是藏茶的主产区。

藏民最爱的茶

俗话说，"没喝过酥油茶就相当于没来过西藏"。这一点不假，酥油茶是藏民必不可少的生活必需品，也是他们最爱喝的茶，其次才是外来的甜茶和寡淡的清茶。

后来居上的甜茶

西藏的甜茶是舶来品，是在西藏早期的对外贸易中由英国、印度商人引进的。因为在茶汁里加了奶粉和红糖，所以甜茶不仅甜，还拥有奶香和茶香，很快就受到了藏民的欢迎。

咸香可口的酥油茶

酥油茶是用牛羊奶油（即酥油）、砖茶汁加盐搅拌煮成的，喝起来咸香可口。其中的酥油可以提供热量，有利于藏民御寒和防止皮肤干裂；它的茶能够生津止渴、提神醒气。

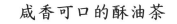

寡淡的清茶

不同于用料丰富、加工烦琐的酥油茶，清茶的用料和制作非常简单，只需要加盐熬煮茶叶就成了。

藏族人的"能量包"——酥油茶

藏族人大多居住在青藏高原上，高原严寒的气候和严酷的生存环境，造就了他们勇敢坚毅的民族个性，也形成了独具特色的酥油茶文化。酥油茶几乎是随着茶叶的传入一同出现的，已经深深融入西藏的个人生活和公共生活的各个层面，藏族社会的大小团体、公私活动都离不开酥油茶。

酥油茶的凄美传说

相传，古代有两个仇深似海的藏族部落辖和怒。辖部落首领的女儿美梅措和怒部落首领的儿子文顿巴意外相爱了，辖部落知情后便派人杀了文顿巴。在文顿巴的葬礼上，伤心欲绝的美梅措跳入了火海殉情。他们死后，一人变作茶叶，一人变为食盐，每当藏民打酥油茶时就是他们的相会之时。这则传说寄托了藏民对酥油茶无尽的喜爱和感恩，因此被广为传颂。

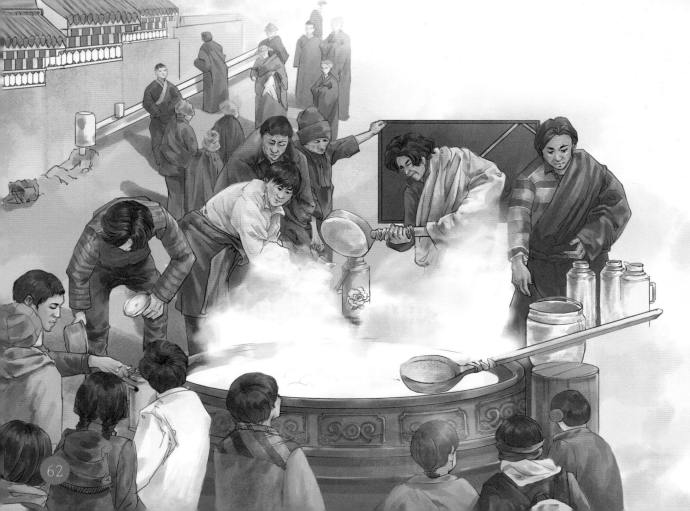

无茶不会——西藏的茶庙会

酥油茶是西藏传统的必备品，几乎每个家庭、团体都要自产酥油茶。旧时，西藏最热闹的公共活动就是寺院举办的宗教活动和节庆日活动了。每到这时，寺院都会用巨大的铜锅熬煮大量酥油茶和清茶以供来客取饮。

酥油茶的制作工序和茶具

酥油茶的制作大致可以分为熬煮茶汁、提炼酥油、打酥油茶以及煮酥油茶四个步骤，其中涉及的酥油桶、茶炉、木碗、高足碗等茶具不仅种类丰富，而且都带有浓厚的藏民族特色。

熬煮茶汁

藏民喝的一般都是熬茶，也就是用大叶茶茶砖与适量的冷水一起熬煮而成的浓茶汁。

提炼酥油

酥油是从牛羊奶中提炼出来的。在没有奶油分离机的时代，藏民只能先将温奶倒入酥油桶中，然后用搅拌器（称"甲罗"）来回抽打数百次，才能将奶、油分离，得到酥油。

打酥油茶

将此前备好的茶汁、酥油、盐还有水一齐投到细长的木桶（即"甲董"）内，搅得水乳交融就成了。

煮酥油茶

搅拌好的酥油茶一般会先装到茶壶中，需要饮用时就用茶炉边加热边喝。因此藏民家里的茶壶和茶炉都是成套出现的。

木碗

藏民喝茶不爱用杯子，更爱用碗，尤其是木碗和瓷碗。木碗大多是西藏本地工匠生产的，不仅价格低廉而且携带方便，特别符合藏民"逐水草而居"的特性，几乎人手一个。西藏的僧侣和贵族也会用木碗，但他们往往会选用名贵的木材，或者直接在木碗上雕花镶银来显示自己的富有和高贵。

瓷碗

西藏的瓷碗最早是从内地运来的，因为两地交通不便，所以瓷碗价格比较贵，旧时只有达官显贵才用得起。

图书在版编目（CIP）数据

茶，一片树叶里的中国. 古茶之源西南茶区 / 懂懂鸭著. -- 北京 : 电子工业出版社，2023.8
ISBN 978-7-121-45982-5

Ⅰ. ①茶… Ⅱ. ①懂… Ⅲ. ①茶文化－中国－少儿读物 Ⅳ. ①TS971.21-49

中国国家版本馆CIP数据核字（2023）第130025号

责任编辑：董子晔
印　　刷：北京盛通印刷股份有限公司
装　　订：北京盛通印刷股份有限公司
出版发行：电子工业出版社
　　　　　北京市海淀区万寿路173信箱　邮编：100036
开　　本：889×1194　1/12　印张：24　字数：532千字
版　　次：2023年8月第1版
印　　次：2023年8月第1次印刷
定　　价：248.00元（全4册）

　　凡所购买电子工业出版社图书有缺损问题，请向购买书店调换。若书店售缺，请与本社发行部联系，联系及邮购电话：
（010）88254888，88258888。
　　质量投诉请发邮件至zlts@phei.com.cn，盗版侵权举报请发邮件至dbqq@phei.com.cn。
　　本书咨询联系方式：（010）88254161转1865，dongzy@phei.com.cn。

·作者团队·

　　懂懂鸭是飞乐鸟品牌旗下的儿童原创品牌，由国内多位资深童书编辑、插画师、科普作家协会成员组成，懂懂鸭专注儿童科普知识的创新表达等相关研究，坚持做中国个性的儿童原创科普图书，以中国优良传统美德和深厚的文化为核心，通过生动、有趣的原创插画，将晦涩难懂的科普百科知识用易读、易懂的方式呈现给少年儿童，为他们打开通往未知世界的大门。近几年自主研发一系列的童书作品，获得众多小读者的青睐，代表作有《国宝有话说》《好吃的中国》等，并有多个图书版权输出到日本、韩国以及欧美的多个国家和地区。